utb 4392

W0236669

Eine Arbeitsgemeinschaft der Verlage

Böhlau Verlag · Wien · Köln · Weimar
Verlag Barbara Budrich · Opladen · Toronto
facultas · Wien
Wilhelm Fink · Paderborn
A. Francke Verlag · Tübingen
Haupt Verlag · Bern
Verlag Julius Klinkhardt · Bad Heilbrunn
Mohr Siebeck · Tübingen
Nomos Verlagsgesellschaft · Baden-Baden
Ernst Reinhardt Verlag · München · Basel
Ferdinand Schöningh · Paderborn
Eugen Ulmer Verlag · Stuttgart
UVK Verlagsgesellschaft · Konstanz, mit UVK/Lucius · München
Vandenhoeck & Ruprecht · Göttingen · Bristol
Waxmann · Münster · New York

Weitere Brückenkurse:

Außenwirtschaft
Betriebswirtschaftslehre
Bilanzierung
Controlling
Finanzierung
Informatik
Kosten- und Leistungsrechnung
Makroökonomik
Marketing
Mikroökonomik
Personalwirtschaft
Projektmanagement
Statistik für Wirtschaftswissenschaften
Wissenschaftliches Arbeiten

Mehr Themen und Informationen finden Sie unter
utb-shop.de

Gerald Pilz

Brückenkurs Betriebswirtschaftslehre

Was Sie vor Vorlesungsbeginn wissen sollten

UVK Verlagsgesellschaft mbH · Konstanz
mit UVK/Lucius · München

Autorenangaben
Dr. Dr. Gerald Pilz ist Dozent an der Dualen Hochschule Baden-Württemberg und Autor zahlreicher Lehrbücher.

Lösungen der Verständnisfragen finden Sie online unter www.uvk-lucius.de/brueckenkurse.

Die Deutsche Bibliothek – CIP Einheitsaufnahme
Die Deutsche Nationalbibliothek verzeichnet diese Publikation in der Deutschen Nationalbibliographie; detaillierte bibliographische Daten sind im Internet über <http://dnb.ddb.de> abrufbar.

© UVK Verlagsgesellschaft mbH, Konstanz und München 2015

Lektorat: Dr. Jürgen Schechler
Gestaltung: Claudia Rupp, Stuttgart
Illustrationen: © dragonstock – fotolia.com
Einbandgestaltung: Atelier Reichert, Stuttgart
Druck und Bindung: Memminger MedienCentrum, Memmingen

UVK Verlagsgesellschaft mbH
Schützenstraße 24 · 78462 Konstanz
Tel. 07531-9053-0 · Fax 07531-9053-98
www.uvk.de

UTB-Band-Nr.: 4392
ISBN 978-3-8252-4392-0

Inhalt

1 BWL-Grundlagen

Systematisierungen

> Die Betriebswirtschaftslehre (BWL) (englisch: Business Administration), befasst sich mit den ökonomischen Aspekten eines Unternehmens.

Die Betriebswirtschaftslehre und die Volkswirtschaftslehre sind Wirtschaftswissenschaften, die sich mit den ökonomischen Aspekten von einzelnen Unternehmen und ganzen Volkswirtschaften befassen.

Abgrenzung VWL und BWL	
Die **Volkswirtschaftslehre** ist als wissenschaftliche Disziplin älter und wurde im 19. Jahrhundert als Nationalökonomie bezeichnet. Sie untersucht auf mikro- und makroökonomischer Basis die komplexen und vielschichtigen Zusammenhänge in einer Volkswirtschaft und deren Gesetzmäßigkeiten. Themen wie Inflation, Wirtschaftswachstum, Arbeitslosigkeit oder Rezessionen sind Gegenstände der VWL.	Die **Betriebswirtschaftslehre** hingegen beschäftigt sich mit den einzelnen Fragestellungen eines Unternehmens wie beispielsweise der Personalwirtschaft, dem Marketing, der Materialwirtschaft oder dem Controlling. Beide Wissenschaften bilden letztlich eine Einheit und ergänzen sich, da Entscheidungen in einem Unternehmen auch immer von volkswirtschaftlichen Rahmenbedingungen abhängig sind.

Die Betriebswirtschaftslehre wird in eine Allgemeine und eine Spezielle Betriebswirtschaftslehre untergliedert.

Abgrenzung ABWL und SBWL	
Die **Allgemeine Betriebswirtschaftslehre** (ABWL) befasst sich mit planerischen, organisatorischen und rechnerischen Entscheidungen in Betrieben. Sie ist funktions- und branchenübergreifend ausgerichtet und fokussiert sich auf die allgemeinen Grundlagen der Praxis. Sie gibt einen Überblick über die Wissenschaft der Betriebswirtschaftslehre. Grundlegendes Ziel im Studium ist es, das fachübergreifende, interdisziplinäre Denken und Entscheiden zu fördern und einen umfassenden Einblick in die Zusammenhänge unternehmerischer Abläufe zu vermitteln.	Die **Spezielle Betriebswirtschaftslehre** (SBWL) widmet sich spezifischen Fragen, die lediglich für bestimmte Unternehmen, Branchen oder Fachgebiete von Bedeutung sind. Branchenbeispiele sind: Immobilienwirtschaft, Handelsbetriebslehre, Bankbetriebslehre, Industriebetriebslehre, Bergwirtschaftslehre, Versicherungsbetriebslehre, Landwirtschaftliche Betriebslehre.

Auch wird weiter differenziert in institutionelle und funktionale Betriebswirtschaftslehren. Die **institutionelle Betriebswirtschaftslehre** konzentriert sich auf branchenspezifische Aspekte oder orientiert an der Betriebsgröße und den sich daraus ergebenden speziellen Anforderungen. Die **funktionale Betriebswirtschaftslehre** betrachtet die einzelnen Funktionsbereiche im Unternehmen.

Unterscheidung institutionelle und funktionale BWL	
Die institutionelle Betriebswirtschaftslehre widmet sich branchenspezifischen Fragestellungen und lässt sich folgendermaßen auffächern: ■ Bankbetriebslehre ■ Tourismus-Betriebswirtschaftslehre ■ Gesundheitswirtschaft ■ Handelsbetriebslehre ■ Immobilienwirtschaft ■ Industriebetriebslehre	Die funktionale Betriebswirtschaftslehre gliedert sich in folgende Teilbereiche: ■ Beschaffung, Materialwirtschaft und Logistik ■ Produktionswirtschaft ■ Marketing ■ Finanzwirtschaft (Investition, Finanzierung) ■ Betriebliches Rechnungswesen ■ Betriebswirtschaftliche Steuerlehre

- Internationale Betriebswirtschaftslehre
- Landwirtschaftliche Betriebslehre
- Verwaltungsbetriebswirtschaftslehre
- Versicherungsbetriebslehre
- Bergwirtschaftslehre
- Speditionsbetriebslehre
- Sportmanagement

- Personalwirtschaft
- Organisation
- Management und Unternehmensführung
- Informationswirtschaft

Diese Systematik wird hier behandelt

Darüber hinaus wird weiter nach anderen Aspekten wie beispielsweise der **Betriebsgröße** aufgeschlüsselt. Ein Beispiel dafür sind die Forschungsgebiete:

- Betriebswirtschaftslehre kleiner und mittelständischer Unternehmen
- Unternehmensgründung

Einige Wissenschaften dienen im Studium als **Hilfswissenschaften der Betriebswirtschaftslehre** und fungieren als so genannte Propädeutik (Vorbildung).

- Einen besonderen Stellenwert nimmt die **Wirtschaftsmathematik** ein, die in vielen Bereichen (Investitionsrechnung, Betriebliches Rechnungswesen, Controlling) zum Einsatz kommt.

- Darüber hinaus kommt der **Wirtschaftsinformatik** und dem IT-gestützten Informationsmanagement eine herausragende Bedeutung zu, da die Unternehmen immer komplexere Software einsetzen, die es ermöglichen soll, alle Prozesse im Unternehmen aufeinander abzustimmen und zu optimieren.

Die einzelnen Teilbereiche der BWL hängen erheblich voneinander ab. So erfordert ein grundlegendes Verständnis wirtschaftlicher Vorgänge im Unternehmen eine profunde Kenntnis der Allgemeinen BWL. Da wirtschaftliche

Prozesse nur dann verständlich werden, wenn auch andere Aspekte berücksichtigt werden, greift die Betriebswirtschaftslehre auf eine Vielzahl anderer Wissenschaften zurück, mit denen sie Schnittmengen bildet. Beispiele sind die Wirtschaftsgeschichte, die Wirtschaftsethik, Mathematik, Informatik, Psychologie, Pädagogik, Politikwissenschaft. Rechtswissenschaft und Soziologie.

Ökonomische Prinzipien

Dem Wirtschaften des Menschen liegen bestimmte Prinzipien zugrunde, da fast alle Güter knapp sind und als kostbar gelten. Dies trifft auch auf Dinge zu, die vermeintlich in ausreichender Menge vorhanden sind wie die Luft oder das Wasser. Aufgrund der zunehmenden Sensibilisierung für den Umwelt- und Klimaschutz werden solche Güter zu einer schützenswerten Sache. Knappe Güter erfordern ein rationales Wirtschaften, da sie nicht verschwendet werden dürfen.

Wirtschaftliches Handeln setzt daher **Effizienz** („die Dinge richtig tun") und **Effektivität** („die richtigen Dinge tun") voraus. Wirtschaftliches Handeln folgt einer Zweck-Mittel-Rationalität, bei der das größte Maximum mit einem Minimum an Aufwand erreicht werden soll.

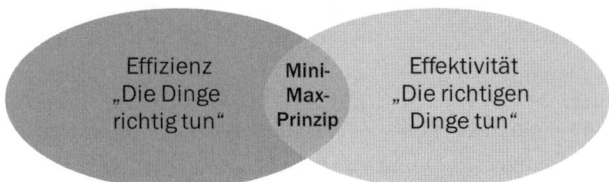

Effizienz „Die Dinge richtig tun"   Mini-Max-Prinzip   Effektivität „Die richtigen Dinge tun"

In der wirtschaftlichen Realität wird dieses Ideal selten erreicht, da es in Unternehmen Bürokratie und Leerlauf gibt, der die Effizienz und die Wertschöpfung beeinträchtigt. Nicht selten verfolgen Unternehmen falsche oder unvereinbare Ziele, so dass die Effektivität kaum oder nur eingeschränkt erreicht wird. Die in den Wirtschaftswissenschaften häufig vertretene These, alle Akteure handelten rational, lässt sich in der Praxis nicht halten und wird in der Forschung zunehmend in Frage gestellt.

Verständnisfragen

Haben Sie alles verstanden? Mit den folgenden Fragen können Sie das Gelernte schnell prüfen:

1. Wie kann die Betriebswirtschaftslehre unterteilt werden?

- ☐ ABWL
- ☐ SBWL
- ☐ HGB

2. Welche Teilbereiche gibt es in der funktionalen Betriebswirtschaftslehre?

- ☐ Personalwirtschaft
- ☐ institutionelle Betriebswirtschaftslehre
- ☐ Existenzgründung
- ☐ Marketing
- ☐ Controlling
- ☐ Organisation

3. **Was sind Beispiele für die institutionelle Betriebswirtschaftslehre?**

☐ Landwirtschaftsbetriebslehre
☐ Sportmanagement
☐ Gesundheitswirtschaft
☐ Aufbauorganisation

4. **Wie lässt sich der Begriff der Effektivität definieren?**

☐ die Dinge richtig tun
☐ die Dinge zielgerichtet tun
☐ die richtigen Dinge tun

**Die Lösungen finden Sie online unter
www.uvk-lucius.de/brueckenkurse**

2 Systematik des Rechnungswesens

Das Rechnungswesen hat in jedem Unternehmen eine zentrale Funktion, denn es erfasst und verarbeitet alle Geld- und Leistungsströme, die aus dem betrieblichen Leistungsprozess resultieren. Es wird zwischen dem externen und dem internen Rechnungswesen unterschieden.

Systematisierung Rechnungswesen	
extern	intern
Jahresabschluss, Finanzbuchführung (pagatorische Größen)	Kosten- und Leistungsrechnung (kalkulatorische Größen)

Das externe Rechnungswesen

> Das externe Rechnungswesen hat die Aufgabe, gegenüber Dritten Rechenschaft abzulegen, und bildet die wirtschaftliche und finanzielle Situation des Unternehmens ab.

Externe **Adressaten** sind neben dem Finanzamt Gläubiger, Anteilseigner (wie Aktionäre), Interessenten und Lieferanten.

> Die rechtliche Grundlage für das betriebliche Rechnungswesen bildet das Handelsgesetzbuch (HGB), das eine umfassende Darstellung der Ertrags-, Finanz- und Vermögenslage des Unternehmens erfordert.

Dies erfolgt bei den meisten Unternehmen durch die Finanzbuchführung, auch FiBu genannt. Es gibt einige Ausnahmen wie Freiberufler. Diese müssen lediglich eine Einnahmen-Überschuss-Rechnung im Rahmen der Gewinnermittlung er-

stellen. Von der **Finanzbuchführung** sind auch Kleingewerbe-
treibende bis zu einer bestimmten Umsatz- und Gewinnhöhe
befreit.

Gewinnermittlungsarten	
Handelsrechtlich	Gewinn- und Verlustrechnung
Steuerrechtlich	Einnahmen-Überschuss-Rechnung
	Betriebsvermögensvergleich

Bei den anderen Unternehmen ist die Finanzbuchhaltung
oder Finanzbuchführung in Form der doppelten Buchführung
(Doppik) vorgeschrieben.

Buchführungsvorschriften	
Unternehmen	Freiberufler Kleingewerbetreibende
Doppelte Buchführung, Jahresabschluss	Einnahmen-Überschuss-Rechnung

Das interne Rechnungswesen

Neben dem externen Rechnungswesen hat jedes Unternehmen
ein internes Rechnungswesen, das im Englischen als Managerial
oder Management Accounting bezeichnet wird. Es dient der
- Kontrolle,
- Steuerung und
- Koordination

von Unternehmensprozessen. Anhand der systematisch er-
hobenen und ausgewerteten **Kennzahlen** bildet das interne
Rechnungswesen die Basis für das **Controlling**, das komplexe
Steuerungs- und Feedbacksysteme im Betrieb umsetzt.

Das Kernstück des internen Rechnungswesens ist die **Kosten- und Leistungsrechnung**, die nicht auf gesetzlichen Vorschriften, sondern auf unternehmensinternen Vorgaben beruht. Allerdings können Art und Umfang der Kosten- und Leistungsrechnung in besonderen Unternehmen wie beispielsweise Krankenhäusern gesetzlich festgelegt sein.

Während das externe Rechnungswesen von tatsächlichen (**pagatorischen**) Rechnungsgrößen ausgeht, setzt das interne Rechnungswesen, um die Vergleichbarkeit von Unternehmen zu gewährleisten, auch fiktive, aber plausible (**kalkulatorische**) Größen ein. So gibt es beispielsweise eine kalkulatorische Miete. Um zwei verschiedene Betriebe vergleichen zu können, werden für beide kalkulatorische Mieten angesetzt, auch wenn eines der Unternehmen Eigentümer der Immobilie sein sollte.

Darüber hinaus sieht das interne Rechnungswesen noch andere imaginäre Größen vor wie den **kalkulatorischen Unternehmerlohn** oder **kalkulatorische Wagnisse**. In der Kosten- und Leistungsrechnung gibt es auch **kalkulatorische Abschreibungen**, bei denen der Wiederbeschaffungswert zugrunde gelegt werden kann, was im externen Rechnungswesen nicht gestattet ist. Die Kosten- und Leistungsrechnung kann auch Durchschnitts- und Planwerte berücksichtigen (Normal- und Plankostenrechnung). Den Ausschlag gibt die Verwendbarkeit der Daten im Unternehmen. Im externen Rechnungswesen hingegen müssen alle Größen den sehr detaillierten handels- und steuerrechtlichen Vorgaben entsprechen.

> Neben dem externen und dem internen Rechnungswesen gehören auch die betriebliche Statistik und die Vergleichsrechnung zum betrieblichen Rechnungswesen.

Die Planungsrechnung dient der Vorbereitung von betrieblichen Maßnahmen und erstellt Prognosen, auf deren Basis
Strategien entwickelt und konzipiert werden.

 Verständnisfrage

Haben Sie alles verstanden? Mit den folgenden Fragen
können Sie das Gelernte schnell prüfen:

1. Was gehört zum externen Rechnungswesen?

☐ Bilanz
☐ Finanzbuchführung
☐ Geschäftsbuchführung
☐ Gewinn- und Verlustrechnung
☐ IFRS

 **Die Lösung finden Sie online unter
www.uvk-lucius.de/brueckenkurse**

3 Der Jahresabschluss

Die Rechnungslegung hat die Aufgabe, externe Adressaten über die Ertrags-, Finanz- und Vermögenslage eines Unternehmens zu informieren. Auch die Höhe der Steuern und die Gewinnverteilung werden dadurch ermittelt. Insofern hat das Rechnungswesen eine wichtige **Dokumentationsfunktion**.

Jahresabschlüsse müssen von einem **unabhängigen Wirtschaftsprüfer** kontrolliert werden, der dann ein Testat erteilt. Zu den Adressaten des Jahresabschlusses gehören das Finanzamt, Gläubiger, Anteilseigner, Kunden, Lieferanten – auch andere Stakeholder (Interessengruppen) wie beispielsweise Mitarbeiter.

In zahlreichen Ländern (wenn auch nicht in allen) leitet sich die Höhe der zu entrichtenden Steuern aus dem Jahresabschluss ab. In Deutschland wird hierfür neben der Handelsbilanz, die veröffentlicht wird, zusätzlich eine Steuerbilanz erstellt, die steuerrechtliche Bestimmungen (wie beispielsweise das Einkommensteuergesetz, die Abgabenordnung und andere Gesetze und Verordnungen) berücksichtigen muss.

Der Jahresabschluss, der eine Zusammenfassung der erhobenen Daten aus der Finanzbuchführung darstellt, gliedert sich in die
- **Bilanz** (Handels- und Steuerbilanz),
- die **Gewinn- und Verlustrechnung** (GuV),
- den **Anhang** und
- (bei größeren Unternehmen) dem **Lagebericht**.

Zusätzlich müssen bei **Konzernabschlüssen** und bei der Rechnungslegung nach dem EU-Standard IFRS weitere Angaben gemacht werden. Hierzu zählen

- eine Gesamtergebnisrechnung,
- eine Kapitalflussrechnung und
- ein Eigenkapitalspiegel.

Welche Bestandteile der Jahresabschluss zusätzlich umfasst, hängt vom **Rechnungslegungsstandard** ab. Einzelunternehmen in Deutschland müssen nach dem Handelsgesetzbuch bilanzieren. Konzerne, die am Kapitalmarkt aktiv sind, sind darüber hinaus verpflichtet, für den Konzern einen Jahresabschluss nach dem Rechnungslegungsstandard der Europäischen Union abzulegen, der IFRS (International Financial Reporting Strandards) genannt wird.

Rechnungslegungsstandard		
Deutschland	EU	USA
HGB	IFRS (Konzerne)	US-GAAP

Darüber hinaus können **branchenspezifische Besonderheiten** zum Tragen kommen. So gibt es spezielle Rechnungslegungsvorschriften beispielsweise für Versicherungen und Banken. Jahresabschlüsse müssen nach dem Publizitätsgesetz veröffentlicht werden (mit Ausnahme der Steuerbilanz).

> Im Regelfall müssen die Jahresabschlüsse beim Handelsregister eingereicht und im Bundesanzeiger publiziert werden. Im Internet werden die Jahresabschlüsse und zusätzliches Zahlenmaterial für Anleger und Investoren auf der Unternehmenswebsite unter der Rubrik „Investor Relations" veröffentlicht. Die Steuerbilanz muss in einem bestimmten

einheitlichen Format als so genannte „E-Bilanz" beim zuständigen Finanzamt elektronisch eingereicht werden.

Um die Jahresabschlüsse weltweit für Investoren zu standardisieren, haben sich Gremien etabliert, die versuchen, möglichst einheitliche Rechnungslegungsstandards zu entwickeln. Hier ist das International Accounting Standards Board (IASB) zu nennen, das die IFRS (International Financial Reporting Standards) entworfen hat.

Verständnisfragen

Haben Sie alles verstanden? Mit den folgenden Fragen können Sie das Gelernte schnell prüfen:

1. Woraus besteht der Jahresabschluss?

☐ Bilanz
☐ Gewinn- und Verlustrechnung
☐ Anhang
☐ IFRS
☐ Lagebericht

2. Was sind externe Adressaten des Rechnungswesens?

☐ Finanzamt
☐ Gläubiger
☐ Anteilseigner
☐ Mitarbeiter

3. Was sind Beispiele für Rechnungslegungsstandards?

☐ HGB-Bilanzierung
☐ IFRS
☐ IKR

☐ US-GAAP
☐ GKR

4. In welchem Teil des Rechnungswesens werden kalkulatorische Größen verwendet?

☐ Jahresabschluss
☐ Kostenrechnung
☐ externes Rechnungswesen

5. Welche Angaben sind nach IFRS zusätzlich erforderlich?

☐ Gesamtergebnisrechnung
☐ Kapitalflussrechnung
☐ Investitionsrechnung
☐ Eigenkapitalspiegel

**Die Lösungen finden Sie online unter
www.uvk-lucius.de/brueckenkurse**

4 Die Buchführung und ihre Grundsätze

Neben den gesetzlichen Bestimmungen, die im Handelsgesetzbuch (HGB) verankert sind, gelten auch Regeln, die aus der kaufmännischen Praxis abgeleitet sind.

Die Buchführung erfordert eine lückenlose, sachlich und zeitlich geordnete Aufzeichnung aller Geschäftsvorfälle anhand von Belegen.

Begrifflich wird zwischen der **Finanzbuchführung** (FiBu) und der **Betriebs- oder Geschäftsbuchführung** unterschieden, was ein Synonym für die Kostenrechnung ist.

Die Daten der Finanzbuchführung werden im Jahresabschluss zusammengefasst, der aus der Bilanz, der Gewinn- und Verlustrechnung, dem Anhang und dem Lagebericht sowie weiteren Informationen besteht (Eigenkapitalspiegel u. a.), die von der Größe des Unternehmens, der Rechtsform und dem Rechnungslegungsstandard (HGB-Bilanzierung, IFRS) abhängen.

Umgangssprachlich wird auch der Begriff „Buchhaltung" verwendet; in den Gesetzestexten wird aber der Terminus „Buchführung" bevorzugt. Buchhaltung ist häufig die Bezeichnung für die Abteilung im Unternehmen, die für das betriebliche Rechnungswesen zuständig ist.

Die Buchführung hat mehrere Ziele. Sie soll die Geschäftsvorfälle im Unternehmen systematisch und chronologisch dokumentieren und einem sachkundigen Dritten einen umfassenden Einblick in die Vermögens-, Ertrags- und Finanzlage geben.

Finanzbuchführung		
Vermögenslage	Ertragslage	Finanzlage

Die wichtigste Grundlage für die Buchführung in der Praxis
sind die **Grundsätze ordnungsmäßiger Buchführung (GoB)**.
Sie fassen sowohl einzelne Gesetze als auch kaufmännischen
Handelsbräuche (Usancen) zusammen.

Grundsätze ordnungsmäßiger Buchführung (GoB)			
Hauptgrundsätze	**Rahmen-grundsätze**	**Abgrenzungs-grundsätze**	**Weitere Grundsätze**
■ Belegprinzip ■ Archivierungs-prinzip ■ Bruttoprinzip (Saldierungs-verbot) ■ Gliederungs-prinzip ■ Systematisie-rungsprinzip ■ Zeitnahe Buchung ■ Stornierungs-prinzip (Korrek-turverbot)	■ Richtigkeit ■ Klarheit, Vollstän-digkeit ■ Einzel-bewertung ■ Wertauf-hellung	■ Realisati-onsprinzip ■ Imparitäts-prinzip ■ Periodisie-rungsprin-zip ■ Stichtags-prinzip	■ Vorsichts-prinzip ■ Kontinui-tätsprinzip ■ Stetigkeits-prinzip ■ Unterneh-mensfort-führung (Going Concern)

Die **Gewinnermittlung** kann auf zwei verschiedene Weisen
erfolgen:
■ durch den Vergleich des vorhandenen Eigenkapitals (Ei-
  genkapitalvergleich) oder
■ durch die Differenz von Aufwendungen und Erträgen im
  Geschäftsjahr, die in der Gewinn- und Verlustrechnung
  des Jahresabschlusses festgehalten werden.

Jede Buchführung besteht aus
■ einem **Grundbuch** (Journal), in dem die Buchungen chronologisch verzeichnet sind, und

- einem **Hauptbuch**, in dem die Buchungen nach Kategorien (Kontenarten) gegliedert sind.

Da heutzutage die Buchführung ausschließlich durch **Software** erfolgt, ist diese früher so offensichtliche Aufteilung im Programm integriert. Die Konten, die in der Buchhaltung verwendet werden, sind in einen unternehmensspezifischen **Kontenplan** eingebettet. Als „Mustervorlage" gibt es branchenbezogene **Kontenrahmen** wie beispielsweise

- den Industriekontenrahmen (**IKR**) oder
- den Gesamtkontenrahmen (**GKR**) und
- den Standardkontenrahmen (**SKR**), der branchenspezifisch untergliedert wird.

Der **Kontenrahmen** besteht aus
- Kontenklassen,
- Kontengruppen und
- Kontenarten.

Bei den Konten wird differenziert zwischen **Soll- und Habenkonten**.

> Diese Bezeichnungen sind historisch. Für Anfänger ist es häufig schwierig, Buchungssätze nachzuvollziehen, da sie sich an der umgangssprachlichen Bedeutung von „Haben" und „Soll" orientieren, wie sie in Kontoauszügen verwendet wird.

Bei **Passivkonten** werden Zugänge immer im Haben gebucht, während bei **Aktivkonten** die Buchung eines Zugangs stets im Soll erfolgt. Die Wortbedeutung „Soll" und „Haben" leitet sich geschichtlich aus dem Lieferantenkonto ab.

Bilanz		GuV	
Bestandskonten		Erfolgskonten	
Aktivkonten	Passivkonten	Ertragskonten	Aufwandskonten

Grundsätzlich gibt es eine Zweiteilung zwischen **Bestands- und Erfolgskonten.**

Bestandskonten erfassen beispielsweise die **Bestände an Vermögensgegenständen.** Hierzu gehören Grundstücke, Anlagen, Maschinen, der Fuhrpark, Patente, die Büro- und Geschäftsausstattung, Vorräte, Girokonten, Forderungen gegenüber Kunden und das Bargeld in der Kasse. *Bei diesen aktiven Bestandskonten werden alle Zugänge im Soll gebucht.*

Passive Bestandskonten beziehen sich auf die **Verbindlichkeiten eines Unternehmens.** Hierzu gehören Lieferantenkredite und Bankdarlehen. Auch das Eigenkapital wird so erfasst. *Bei passiven Bestandskonten werden Zugänge grundsätzlich im Haben gebucht.*

Neben den Bestandskonten gibt es eine weitere Kategorie von Konten: die **Erfolgskonten.** Sie registrieren Geschäftsvorfälle, die erfolgswirksam sind. Der Begriff Erfolg wird neutral definiert: Es kann sich um einen **Gewinn** oder einen **Verlust** handeln.

Rechnungswesen		
	Zufluss	Abfluss
Gesamtvermögen	Ertrag	Aufwand
Betriebsnotwendiges Vermögen	Erlös	Kosten
Geldvermögen	Einnahme	Ausgabe
Kasse	Einzahlung	Auszahlung

Dabei wird unterschieden zwischen **Aufwand** (Werteverzehr) und **Ertrag** (Wertezufluss). Aufwand sind Personalkosten, Zinsen für einen Kredit, Materialverbrauch oder Abschreibungen. Bei Erfolgskonten stimmt die umgangssprachliche Bedeutung von „Soll" und „Haben", denn der Aufwand wird stets im Soll gebucht.

> Aufwand ist der bewertete Güterverzehr in einer Periode.

Aufwendungen verringern das **Eigenkapital**, während Erträge es erhöhen.

Die mit Abstand wichtigsten Erträge in den meisten Unternehmen sind die Umsatzerlöse, die durch den Verkauf von Produkten oder Dienstleistungen erzielt werden. Erträge werden auf der Habenseite gebucht.

Bei einer **einfachen Buchung** sind immer zwei Konten beteiligt – eine Buchung erfolgt im Soll, die andere im Haben. Prägnant wird dies in einem Buchungssatz formuliert, bei dem zuerst die Soll- und dann die Habenbuchung erfolgt. Traditionell werden die beiden Buchungen durch das Wort „an" verknüpft.

In der Praxis kommen jedoch **komplexe (zusammengesetzte) Buchungssätze** vor. So muss beispielsweise bei Käufen und Verkäufen die Umsatzsteuer berücksichtigt werden, was die Zahl der erforderlichen Buchungen erhöht. Erfolgsneutrale Buchungen beziehen sich auf Veränderungen in der Bilanz, während erfolgswirksame Buchungen auch Auswirkungen auf die Gewinn- und Verlustrechnung haben.

Buchungssystem	
Erfolgsneutrale Buchung (nur bilanzbezogen) ■ Aktivtausch ■ Passivtausch ■ Aktiv-Passiv-Mehrung (Bilanzverlängerung) ■ Aktiv-Passiv-Minderung (Bilanzverkürzung)	**Erfolgswirksame Buchung** (Bezug zur Bilanz und zur Gewinn- und Verlustrechnung) ■ Ertrag ■ Aufwand

Buchungstechnisch sind mehrere Fälle möglich. Beim **Aktivtausch** erhöht sich durch die Buchung ein Aktivkonto, während ein anderes um den gleichen Betrag verringert wird. Beim **Passivtausch** geschieht der Vorgang bei den passiven Konten. Davon zu unterscheiden ist die **Aktiv-Passiv-Mehrung**, bei der sowohl ein Aktiv- als auch ein Passivkonto den gleichen Betrag erhalten. Dieser Vorgang wird als Bilanzverlängerung bezeichnet. Bei der **Aktiv-Passiv-Minderung** wird ein Betrag von einem Aktiv- und Passivkonto abgezogen, wodurch eine Bilanzverkürzung eintritt.

 ## Verständnisfragen

Haben Sie alles verstanden? Mit den folgenden Fragen können Sie das Gelernte schnell prüfen:

1. Welche Aspekte stellt die Finanzbuchführung dar?

☐ Finanzlage
☐ Konjunkturelle Lage
☐ Ertragslage
☐ Vermögenslage
☐ Wirtschaftslage

2. Was sind Hauptgrundsätze der GoB?

☐ Belegprinzip
☐ Periodisierungsprinzip
☐ Stornierungsprinzip
☐ Going-Concern-Prinzip

3. Wozu gehört das Imparitätsprinzip?

☐ Hauptgrundsätze
☐ Rahmengrundsätze
☐ sonstige Grundsätze
☐ Abgrenzungsgrundsätze

4. Was sind Nebenbücher der Finanzbuchführung?

☐ Gehaltsbuchführung
☐ Anlagenbuchführung
☐ Grundbuch
☐ Debitorenbuchführung
☐ Kreditorenbuchführung

5. Was sind Kreditoren?

☐ Kunden
☐ Lieferanten
☐ Finanzkennzahlen

**Die Lösungen finden Sie online unter
www.uvk-lucius.de/brueckenkurse**

5   Bilanz und Inventur

Die Bilanz fasst die Vermögensgegenstände, das Eigenkapital
und die Verbindlichkeiten eines Unternehmens zusammen.

Bilanz		
	Aktiva	Passiva
Bedeutung	Mittelverwendung	Mittelherkunft
Inhalt	Vermögensgegenstände	Eigenkapital und Fremd-kapital
Gliederung	Nach Liquidierbarkeit	Nach Fälligkeit

Anlagevermögen
▪ Immaterielle Vermögensgegenstände
▪ Sachanlagen
▪ Finanzanlagen

Umlaufvermögen
▪ Vorräte
▪ Forderungen, sonst. Vermögensgegenst.
▪ Wertpapiere
▪ Kassenbestand, Schecks

Eigenkapital
▪ Gezeichnetes Kapital
▪ Kapitalrücklage
▪ Gewinnrücklagen
▪ Gewinnvortrag
▪ Jahresüberschuss

Rückstellungen

Verbindlichkeiten

Auf der **linken Bilanzseite** werden die Passiva aufgeführt, die
alle Vermögensgegenstände enthalten. Diese werden in Anlagevermögen, das langfristig im Unternehmen verbleibt, und
Umlaufvermögen, das nur kurz- oder mittelfristig vorhanden
ist, untergliedert. Die Aktivseite der Bilanz ist nach ihrer Li-

quidierbarkeit systematisiert. Vermögensgegenstände, die weiter unten bei den Aktiva aufgelistet sind, lassen sich schneller zu Geld machen.

Auf der **rechten Seite** der Bilanz wird die Herkunft des Vermögens dargestellt. Dabei wird unterteilt in Eigenkapital und Fremdkapital. Die genaue Systematisierung orientiert sich am Kriterium der Fälligkeit. Beide Kapitalarten werden als Passiva bezeichnet.

Da alles Kapital, das dem Unternehmen zufließt, auch wieder eingesetzt wird (Gelder, die übrig sind, werden auf Bankkonten oder in der Kasse verwaltet), sind beide Seiten der Bilanz in ihrer Summe identisch. Man spricht vom **Identitätsprinzip der Bilanz**. Die einzelnen Bilanzpositionen und deren Rangfolge sind vom Gesetzgeber im Handelsgesetzbuch detailliert festgelegt. Diese Vorschriften gelten aber vor allem für große und mittelgroße Kapitalgesellschaften sowie bestimmte Personengesellschaften, die eine Größenklasse überschreiten. In der Regel verwenden aber auch kleinere Unternehmen und Einzelunternehmen diese Gliederung.

Inventur	
Inventurverfahren	**Inventurarten**
■ Körperliche Bestandsaufnahme	■ Stichtagsinventur
■ Buchinventur	■ Verlegte Inventur
■ Anlageninventur	■ Permanente Inventur
	■ Stichprobeninventur

Ein **Inventar** muss bereits zu Beginn der Unternehmenstätigkeit aufgestellt werden. Das Inventar umfasst alle vorhandenen Vermögensgegenstände, die im Einzelnen aufgelistet werden müssen, die Forderungen und Verbindlichkeiten sowie eventuell vorhandenes Bargeld.

Verständnisfragen

Haben Sie alles verstanden? Mit den folgenden Fragen können Sie das Gelernte schnell prüfen:

1. Was ist eine erfolgswirksame Buchung?

☐ Aktivmehrung
☐ Passivmehrung
☐ Aufwand

2. Welche Inventurverfahren gibt es?

☐ verlegte Inventur
☐ Stichprobeninventur
☐ permanente Inventur
☐ körperliche Bestandsaufnahme

3. Was beschreiben die Passiva?

☐ die Mittelverwendung
☐ die Mittelherkunft
☐ Eigen- und Fremdkapital

**Die Lösungen finden Sie online unter
www.uvk-lucius.de/brueckenkurse**

6   Kosten- und Leistungsrechnung

Die Kosten- und Leistungsrechnung, auch kurz Kostenrechnung genannt, gehört zum internen Rechnungswesen und dient dazu, die Kosten und Erlöse des Unternehmens zu erfassen. Dabei wird differenziert zwischen einer Ist-Kostenrechnung, die von den tatsächlichen Kosten ausgeht, einer Normalkostenrechnung mit Durchschnittswerten und einer Plankostenrechnung.

Die Kostenrechnung hat mehrere wichtige Aufgaben:
- Sie bildet die Grundlagen für die Kostenkalkulation von Produkten und Dienstleistungen.
- Darüber hinaus soll sie die Wirtschaftlichkeit der Wertschöpfungsprozesse durch Soll-Ist-Vergleiche kontrollieren und
- Informationen für die Steuerung und Entwicklung des Unternehmens liefern.

Die Kostenrechnung bezieht ihre Daten aus der Finanzbuchführung und der betrieblichen Statistik. Häufig wird die Kostenrechnung in ERP-Systeme (Enterprise Resource Planning) eingebunden.

Die Kostenrechnung wird in verschiedene Teildisziplinen untergliedert, und zwar in die Kostenarten-, Kostenstellen- und Kostenträgerrechnung.

Die Kostenartenrechnung systematisiert und erhebt die unterschiedlichen Kosten.

	Kostenarten
Produktionsfaktor	Kostenart, Materialkosten, Personalkosten, Dienstleistungskosten, Kapitalkosten, Raumkosten, Kalkulatorische Kosten
Unternehmens-funktion	Fertigungskosten, Verwaltungskosten, Vertriebskosten, Materialkosten
Zurechenbarkeit	Einzelkosten, Gemeinkosten
Beschäftigungs-schwankung	Fixkosten, Variable Kosten, Gemischte Kosten
Kostenherkunft	Primäre Kosten, Sekundäre Kosten
Kostenerfassung	Pagatorische Kosten (aufwandsgleich), Kalkulatorische Kosten

Die **Kostenstellenrechnung** weist die Kosten einzelnen Kostenstellen zu und kann so zwischen Einzelkosten und Gemeinkosten, primären und sekundären Kosten differenzieren. Die genaue Aufteilung erfolgt im Betriebsabrechnungsbogen (BAB).

Für gemischte Kosten, die aus fixen und variablen Kosten bestehen, ist eine sorgfältige Aufspaltung erforderlich. Die Kostenstellenrechnung dient zur Verrechnung innerbetrieblicher Leistungen zwischen verschiedenen Abteilungen.

Die **Kostenträgerrechnung** hat die Aufgabe, die Kosten den jeweiligen Kostenträgern (Produkten, Dienstleistungen) zuzuweisen und übernimmt die Funktion der Kalkulation. Je nach Fertigungstyp werden verschiedene Konzeptionen der Kalkulation unterschieden:
- Zuschlagskalkulation,
- Divisionskalkulation,

- Äquivalenzziffernkalkulation,
- Maschinenstundensatzrechnung

Bei der Kalkulation spielt die **Deckungsbeitragsrechnung** eine wichtige Rolle. Moderne Ansätze, die dieses System weiterentwickelt haben, sind die **Prozesskostenrechnung** (Activity Based Costing) und die aus Japan stammende **Zielkostenrechnung** (Target Costing). Für das Projektmanagement gibt es eine eigenständige **Projektkostenrechnung**.

Verständnisfragen

Haben Sie alles verstanden? Mit den folgenden Fragen können Sie das Gelernte schnell prüfen:

1. Wie lässt sich die Kostenrechnung untergliedern?

- ☐ Kostenartenrechnung
- ☐ Kostenstellenrechnung
- ☐ Kosten- und Leistungsrechnung
- ☐ Kostenträgerrechnung

2. Was sind Beispiele für Kostenrechnungssysteme?

- ☐ Normalkostenrechnung
- ☐ Ist-Kostenrechnung
- ☐ Plankostenrechnung
- ☐ Gewinn- und Verlustrechnung

Die Lösungen finden Sie online unter
www.uvk-lucius.de/brueckenkurse

7   Finanzierung und Investition

Die Finanzwirtschaft besteht aus den Bereichen Investition, Finanzierung und dem Risikomanagement, das in den vergangenen Jahren immer mehr an Bedeutung gewonnen hat.

Die Finanzierung befasst sich mit der **Beschaffung von Kapital**, während die Verwendung der Mittel Gegenstand der Investitionslehre ist.

Die Finanzierung gehört zur Finanzwirtschaft und befasst sich der Bereitstellung von Kapital für das Unternehmen. Die Art der Finanzierung wird

- nach der **Methode der Kapitalbeschaffung** (Außen- oder Innenfinanzierung) und
- nach der **Stellung des Kapitalgebers** (Eigenkapital versus Fremdkapital) systematisiert.

Erfolgt eine Fremdfinanzierung von außen, spricht man von **Kreditfinanzierung**. Gründet sich die Finanzierung auf der Beschaffung von Eigenkapital, das von Außenstehenden stammt, dann liegt eine **Beteiligungsfinanzierung** vor. Wird hingegen das Eigenkapital selbst aufgebracht, ist eine **Selbstfinanzierung** gegeben. Von einer innenfinanzierten Fremdfinanzierung wird gesprochen, wenn die **Finanzierung aus Rückstellungen** in der Bilanz erfolgt.

Investition bedeutet die Verwendung von Kapital, das in Vermögensgegenstände oder Geldkapital umgewandelt wird.

Das Unternehmen erwirbt mit dem vorhandenen Eigen- oder Fremdkapital Maschinen, Grundstücke, Rohstoffe, Unternehmensbeteiligungen oder deponiert einen Teil in der Kasse oder auf dem Konto.

Systematik von Investitionen	
	Beispiele
Zweck	Gründungs-, Erweiterungs-, Ersatz-, Rationalisierungs-, Re- und Desinvestitionen
Gegen-stand	Sachinvestitionen, immaterielle Investitionen, Finanz-investitionen
Neuheit	Netto- und Bruttoinvestitionen
Bereich	Forschungs-, Fertigungs-, Vertriebsinvestitionen

Entscheidungen über Investitionen sind für die Unternehmen schwierig, da sie die Ertragslage beeinflussen. Faktoren, die dabei bedacht werden müssen, sind

- die Kapitalbindung und
- die für die Investition erforderliche Kapitalintensität sowie
- die Rentabilität und
- die voraussichtliche Nutzungsdauer.

Verständnisfragen

Haben Sie alles verstanden? Mit den folgenden Fragen können Sie das Gelernte schnell prüfen:

1. Welche zweckorientierten Finanzierungsarten gibt es?

☐ Schrumpfungsfinanzierung
☐ Gründungsfinanzierung
☐ Erweiterungsfinanzierung

2. **Welche Arten der Finanzierung gibt es nach der Methode der Kapitalbeschaffung?**

☐ Überfinanzierung
☐ Außenfinanzierung
☐ Innenfinanzierung

**Die Lösungen finden Sie online unter
www.uvk-lucius.de/brueckenkurse**

8   Personalwirtschaft

Das Personal ist aus betriebswirtschaftlicher Perspektive ein
dispositiver Produktionsfaktor. Durch die Arbeit von Menschen wird es erst möglich, Dienstleistungen bereitzustellen
und Produkte anzufertigen.

> Die **Personalwirtschaftslehre** ist eine Teildisziplin der Be-
> triebswirtschaftslehre, die in verschiedene Einzelbereiche
> aufgefächert werden kann. Hierzu gehören beispielsweise
> das Personalcontrolling, die Personalpolitik, die Personal-
> entwicklung, die Personalverwaltung und andere.

Personalwirtschaftliche Bereiche:
- Personalleitung mit Personalpolitik und Personalcontrol-
  ling
- Personalabteilung mit Personalmarketing und Personal-
  entwicklung
- Personalverwaltung mit Personalplanung

Die Personalabteilung wird von der **Personalleitung** geführt
und erfüllt eine Vielzahl von personalwirtschaftlichen Funktionen, die von der Entgeltabrechnung über die Personalentwicklung und das Controlling bis hin zur Personalverwaltung
reichen.

Die **Organisation der Personalabteilung** gestaltet sich in
Abhängigkeit von der Betriebsgröße und der Unternehmenspolitik. Mittelständische Unternehmen haben eigenständige
Abteilungen für Personalentwicklung und Personalcontrolling, die in kleineren Unternehmen nur in Ausnahmefällen
vorhanden sind.

> In größeren Unternehmen werden Fachgebiete wie die Arbeitssicherheit, die Personal- und Teamentwicklung, das Personalcontrolling oder -Marketing von eigenen Abteilungen organisiert, die über die entsprechende Expertise verfügen. In Konzernen ist es darüber hinaus üblich, die Personalabteilung hinsichtlich einiger Funktionen zu dezentralisieren und nach Sparten zu organisieren. Die Hauptfunktion der Personalabteilung besteht darin, das Personal effektiv und effizient einzusetzen und für zukünftige Herausforderungen weiter zu qualifizieren.

Die **Personalpolitik** ist von der Unternehmenspolitik abhängig, die die Werte des Unternehmens bestimmt. Die Personalpolitik orientiert sich an der Unternehmenspolitik und leitet davon bestimmte Ziele ab, die speziell für den personalwirtschaftlichen Bereich gelten.

Die Grundsätze der Personalpolitik können Einzelaspekte wie Aufstiegsmöglichkeiten beziehen, das Gender Mainstreaming oder die Mitbestimmung und einzelne Prinzipien der Führung tangieren. Darüber hinaus legt die Personalpolitik allgemeine Maximen fest, die beispielsweise die Zusammenarbeit betreffen oder die betriebliche Altersversorgung konkretisieren.

Personalmarketing ist ein Modell, das die Marketingperspektive auf den personalwirtschaftlichen Bereich ausdehnt. Beim Personalmarketing kommt es darauf an, das Unternehmen so auf den Beschaffungsmärkten für Personal zu positionieren, das die **Rekrutierung von neuen Mitarbeitern** ohne Probleme und zu optimalen Kosten gelingt. Hierbei spielen eine Vielzahl unterschiedlicher Einflussfaktoren eine Rolle wie das Ansehen des Unternehmens (Employer Branding) und der jeweiligen Branche, die Bekanntheit, die unternehmensinternen Aufstiegsmöglichkeiten und das wirtschaftliche Potenzial des jeweiligen Unternehmens und der Branche.

Der Erfolg der Personalführung wird bestimmt von Faktoren wie den Führungsmitteln, den **Führungstilen** und dem jeweiligen Führungsansatz. Sehr bekannt und gängig sind die **Management-by-Ansätze**. So wird beispielsweise bei dem Management-by-Objectives eine Führung durch Ziele und konkrete Vereinbarungen umgesetzt. Hierzu dienen Förder- und Beratungsgespräche, in denen Wünsche und Anforderungen festgelegt werden.

Die **Personalentwicklung** erstreckt sich auf alle Maßnahmen, die dazu dienen, die Qualifikation der Mitarbeiter zu erhalten, zu erweitern und fortlaufend zu verbessern. Zielsetzung der Personalentwicklung ist es, die Kompetenzen und Qualifikationen der Belegschaft zu optimieren und zu verbessern. Die Personalentwicklung wird flankiert von der Organisations- und die Teamentwicklung.

Zu den Personalentwicklungsmaßnahmen zählen neben
- Ausbildung und
- Weiterbildung auch die
- Umschulung,
- externe oder interne Seminare,
- Webinare,
- das Coaching von Führungs- und Fachkräften,
- die Supervision und
- arbeitsplatzspezifische Fördermaßnahmen wie
  - Job Rotation,
  - Job Enlargement und
  - Job Enrichment.

Die **Personalverwaltung** ist die administrative Seite der Personalwirtschaft. Sie umfasst grundlegende Aufgaben wie die Entgeltabrechnung, die Anmeldung der Lohnsteuer, die Anfertigung von Stellenausschreibungen, die Durchführung der Korrespondenz und vergleichbare Tätigkeiten.

Verständnisfragen

Haben Sie alles verstanden? Mit den folgenden Fragen können Sie das Gelernte schnell prüfen:

1. Was bedeutet Personalmarketing?

☐ Vermarktung von Waren
☐ Positionierung auf dem Arbeitsmarkt
☐ Employer Branding

2. Was sind Aufgaben der Personalabteilung?

☐ Personalverwaltung
☐ Personalcontrolling
☐ Personalbeschaffung

3. Welche Qualifikationsmaßnahmen sind am Arbeitsplatz möglich?

☐ Job Enrichment
☐ Job Rotation
☐ Training off the job
☐ Job Enlargement
☐ Webinar

**Die Lösungen finden Sie online unter
www.uvk-lucius.de/brueckenkurse**

9 Material- und Produktionswirtschaft

Die Materialwirtschaft

> Die Zielsetzung der Materialwirtschaft besteht darin die Kosten für die Beschaffung von Material und Dienstleistungen zu verringern und optimal zu gestalten.

Bei der **Bedarfsermittlung** wird differenziert zwischen

- einer **deterministischen** Bedarfsermittlung, bei der die Art und die Menge des zu beschaffenden Materials vom Produktionsprogramm festgelegt werden.
- Bei der **stochastischen** (wahrscheinlichkeits- und verbrauchsbezogenen) Bedarfsermittlung dienen Prognosen als Grundlagen, wobei Kennzahlen aus der Wahrscheinlichkeitsrechnung (Mittelwerte, Regressionsanalyse) verwendet werden.
- Eine dritte Form der Bedarfsermittlung ist der **heuristische** Ansatz, der auf Schätzungen des erfahrenen Personals beruht und nur auf Materialien mit geringem Wert angewandt wird.

Die Materialwirtschaft bezieht auch Aspekte der Entsorgung und der Verwertung von Materialien mit ein. Der Fachbereich Materialwirtschaft kann untergliedert werden in einzelne Teildisziplinen. Hierzu gehören als Aspekte die Disposition, die Lagerhaltung und die Beschaffung.

Die Produktionswirtschaft

Die Produktionswirtschaftslehre ist eine Teildisziplin der BWL, die sich mit dem Produktionsmanagement befasst. Aufgabengebiete sind die Fertigungssteuerung, die Planung und Koordination aller Prozesse im Bereich der Produktion.

Das **Produktionsprogramm** hängt von den Marktbedürfnissen ab. Die meisten Unternehmen haben Lieferanten, mit denen sie ein Netzwerk bilden.

Produktionsstandorte werden nach
- dem Absatzmarkt,
- der Wettbewerbssituation,
- der Infrastruktur,
- der Personalbeschaffung,
- der Kosten und
- dem rechtlichen Rahmen gewählt.

Fertigung		
Fertigungstypen: ■ Einzelfertigung ■ Serienfertigung ■ Sortenfertigung ■ Massenfertigung	**Fertigungsorganisationsformen:** ■ Fließfertigung ■ Werkstattfertigung	**Zeitbeziehung zwischen Produktion und Absatz:** ■ Auftragsfertigung ■ Lagerfertigung

Verständnisfragen

Haben Sie alles verstanden? Mit den folgenden Fragen können Sie das Gelernte schnell prüfen:

1. Welche Methoden der Materialbedarfsermittlung werden angewandt?

☐ deterministisch
☐ stochastisch
☐ dynamisch
☐ heuristisch

2. Wie wird im Englischen die Materialbeschaffung über das Internet genannt?

☐ Internet-based Material Resourcing
☐ Internet Material Management
☐ E-Procurement

3. Von wem geht die Beschaffung in einem Buy-Side-System aus?

☐ vom beschaffenden Unternehmen
☐ vom Lieferanten
☐ von der Wertschöpfungskette

4. Was sind Vorteile der Vorratshaltung?

☐ keine Verzögerungen
☐ geringe Lagerkosten
☐ schnelle Verfügbarkeit

**Die Lösungen finden Sie online unter
www.uvk-lucius.de/brueckenkurse**

10 Marketing

Unter dem Begriff „Marketing" fasst man alle Maßnahmen eines Unternehmens zusammen, die es ermöglichen, sich optimal am Markt zu platzieren und die Bedürfnisse und Anforderungen der Kunden und anderer Interessengruppen optimal zu erfüllen.

Früher wurde Marketing häufig mit der Absatzwirtschaft gleichgesetzt. Dieses Konzept ist veraltet, denn Marketing ist eine alle Abteilungen umfassende Denkweise, die darauf ausgerichtet ist, eine marktgerechte Unternehmensführung zu etablieren. Das Marketing ist daher nicht nur die Aufgabe einer speziellen Abteilung, sondern eine Herangehensweise, die in allen Bereichen des Unternehmens verwurzelt sein muss. Auch Non-Profit-Organisationen, die keine erwerbswirtschaftliche Zielsetzung haben, bedienen sich differenzierter Marketingstrategien.

Das Marketing lässt sich anhand des so genannten Marketing-Mix in verschiedene Teilaspekte aufgliedern:
- Product (Produktpolitik)
- Price (Preispolitik)
- Promotion (Kommunikationspolitik)
- Place (Distributionspolitik)

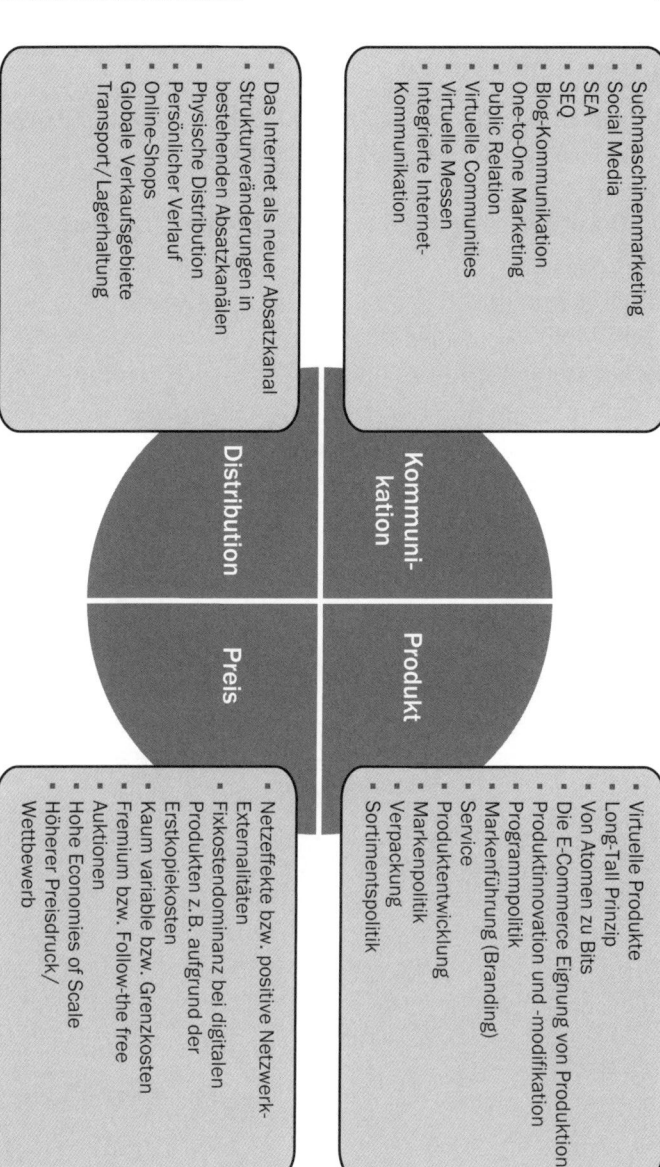

Kommunikation
- Suchmaschinenmarketing
- Social Media
- SEA
- SEO
- Blog-Kommunikation
- One-to-One Marketing
- Public Relation
- Virtuelle Communities
- Virtuelle Messen
- Integrierte Internet-Kommunikation

Distribution
- Das Internet als neuer Absatzkanal
- Strukturveränderungen in bestehenden Absatzkanälen
- Physische Distribution
- Persönlicher Verkauf
- Online-Shops
- Globale Verkaufsgebiete
- Transport / Lagerhaltung

Produkt
- Virtuelle Produkte
- Long-Tail Prinzip
- Von Atomen zu Bits
- Die E-Commerce Eignung von Produktion
- Produktinnovation und -modifikation
- Programmpolitik
- Markenführung (Branding)
- Service
- Produktentwicklung
- Markenpolitik
- Verpackung
- Sortimentspolitik

Preis
- Netzeffekte bzw. positive Netzwerk-Externalitäten
- Fixkostendominanz bei digitalen Produkten z.B. aufgrund der Erstkopiekosten
- Kaum variable bzw. Grenzkosten
- Fremium bzw. Follow-the free
- Auktionen
- Hohe Economies of Scale
- Höherer Preisdruck / Wettbewerb

Verständnisfrage

Haben Sie alles verstanden? Mit den folgenden Fragen können Sie das Gelernte schnell prüfen:

1. Aus welchen Aspekten besteht der Marketing-Mix?

☐ Preispolitik
☐ Produktpolitik
☐ Kommunikationspolitik
☐ Distributionspolitik

**Die Lösung finden Sie online unter
www.uvk-lucius.de/brueckenkurse**

11 Controlling

Das Controlling beschäftigt sich mit der Steuerung von Unternehmen anhand von qualitativen und quantitativen Kennzahlen. Die Kennzahlen werden interpretiert, ausgewertet und dienen der Koordination von Maßnahmen. Das Controlling hat außerdem die Aufgabe, die Führungskräfte in der Entscheidungsfindung zu unterstützen.

Die Kernaufgaben des Controlling bestehen in der

- Informationsfunktion,
- Planungsfunktion,
- Koordinationsfunktion und
- Steuerungsfunktion.

Üblicherweise versteht sich ein Controllingsystem als ein fortwährender Kreislauf:

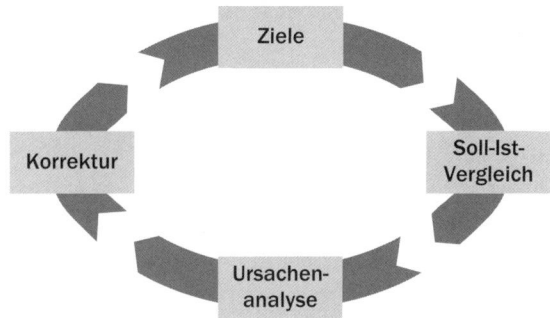

Das Controlling setzt ein **Zielsystem** voraus, das alle Teilziele des Unternehmens beinhaltet und zusammenfasst. Vom Zielsystem werden die einzelnen Maßnahmen abgeleitet und die erforderlichen Ressourcen zur Zielerreichung ermittelt. Hierzu gehört auch die Berechnung und Erstellung von Budgets.

Ein wichtiger Teilbereich des Controlling ist das Berichtswesen und ein entsprechendes Informationssystem, das die Kennzahlen und die Unternehmensentwicklung anschaulich darstellt.

Dabei werden Plan- oder Soll-Werte mit Ist-Werten verglichen. Gängige Kennzahlen sind

- die Rentabilität (Eigenkapital-, Gesamtkapital-, Umsatzrentabilität),
- der Deckungsbeitrag oder
- Produktivitätskennzahlen, die aus der Finanzbuchführung und der Kostenrechnung abgeleitet werden.

 Verständnisfragen

Haben Sie alles verstanden? Mit den folgenden Fragen können Sie das Gelernte schnell prüfen:

1. In welche zwei Teilbereiche kann das Controlling gegliedert werden?

- ☐ operatives Controlling
- ☐ projektives Controlling
- ☐ strategisches Controlling

2. Was sind die Kernaufgaben des Controlling?

- ☐ Planung
- ☐ Steuerung
- ☐ Koordination
- ☐ Information

 Die Lösung finden Sie online unter www.uvk-lucius.de/brueckenkurse

12 Service

Glossar

Anschaffungskosten

Vermögensgegenstände des Anlagevermögens werden zu den Anschaffungskosten bilanziert (Anschaffungswertprinzip). Zu den Anschaffungskosten dürfen die Anschaffungsnebenkosten (Fracht, Montagekosten) hinzugefügt werden. Die Anschaffungskosten sind stets Nettopreise (Umsatzsteuer wurde abgezogen). Die Umsatzsteuer kann als Vorsteuer geltend gemacht werden. Der Wertansatz darf auch bei einer Wertsteigerung des Vermögensgegenstands nicht erhöht werden. Es gilt das Niederstwertprinzip.

Aufwand

Aufwand ist der bewertete Güterverzehr in einer Periode.

Aufwendungen

Aufwendungen sind der betrieblich bedingte Werteverzehr von Gütern und Dienstleistungen. Dazu gehören der Verbrauch von Roh-, Hilfs- und Betriebsstoffen, Löhne und Gehälter, Abschreibungen und Zinsen.

Außenfinanzierung

Eine Außenfinanzierung ist charakteristisch für Aktiengesellschaften. Die Aktionäre beteiligten sich durch Eigenkapital am Unternehmen. Bei anderen Rechtsformen kann eine Erhöhung des Eigenkapitals durch die Aufnahme neuer Gesellschafter erfolgen.

Bilanzkontinuität

Die Wertansätze in der Eröffnungsbilanz müssen mit jenen der Schlussbilanz übereinstimmen. Im Handelsrecht wird dies Bilanzidentität genannt und in der Steuerbilanz Bilanzzusammenhang.

Buchführung

Die Buchführung erfordert eine lückenlose, sachlich und zeitlich geordnete Aufzeichnung aller Geschäftsvorfälle anhand von Belegen.

Buchwert
Der Wert eines Vermögensgegenstandes in der Bilanz unter Einbezug der Abschreibungen und Wertminderungen.

Cashflow
Der Cashflow kann auf eine direkte oder indirekte Weise ermittelt werden. Bei der direkten Berechnung werden die zahlungswirksamen Ausgaben von den zahlungswirksamen Einnahmen subtrahiert. Gängiger ist die indirekte Berechnung. Bei ihr werden zum Jahresüberschuss die Abschreibungen und die Zuführungen zu den Rückstellungen addiert.

Distributionspolitik
Die Distributionspolitik thematisiert, wie eine Dienstleistung oder ein Produkt den Kunden erreicht. Dabei wird differenziert zwischen der Akquisition (der Kundengewinnung) und der Logistik (dem Transport und der erforderlichen Lagerhaltung).

Eigenkapital
Eigenkapital ist das haftende Kapital des Unternehmens und gehört den Anteilseignern. Das Eigenkapital besteht aus dem Grundkapital (bei der GmbH: Stammkapital), der Kapitalrücklage, den Gewinnrücklagen und dem nicht ausgeschütteten Bilanzgewinn.

Erlöse
Erlöse sind die Rechnungsbeträge aus Verkäufen (Umsätzen). Von den Erlösen werden Rabatte (Mengen-, Staffel-, Treuerabatte), Skonti, Boni und die Umsatzsteuer abgezogen.

Erträge
Erträge sind alle Positionen in der Gewinn- und Verlustrechnung, die zu einem Wertzuwachs führen (Umsatzerlöse, Zinserträge, Provisionen).

Factoring
Das Factoring ist eine Methode, um Forderungen schneller zu Geld zu machen. Da Großkunden häufig ein großzügiges Zahlungsziel eingeräumt wird, können Unternehmen den Liquiditätsengpass vermeiden, indem sie die Forderung an ein Factoring-Unternehmen veräußern.

Going-Concern-Prinzip

Die Bewertung in der Bilanz muss so vorgenommen werden, also ob das Unternehmen fortgeführt würde. Potenzielle Liquidationswerte, die bei der Auflösung des Unternehmens entstehen würden, sind nicht zugelassen.

IFRS

International Financial Reporting Standards.

Internationaler Rechnungslegungsstandard, der in der Europäischen Union für Konzernabschlüsse von Unternehmen gilt, die am Kapitalmarkt aktiv sind (z. B. Börsennotierung). IFRS soll die Konzernjahresabschlüsse international vergleichbarer machen.

Immaterielle Vermögensgegenstände

Teil des Anlagevermögens. Zu den immateriellen Vermögensgegenständen gehören beispielsweise Patente, Lizenzen, Konzessionen, Gebrauchsmuster und Warenzeichen.

Innenfinanzierung

Bei der Innenfinanzierung erfolgt die Beschaffung von Kapital durch die Einbehaltung von Gewinnen, was als Thesaurierung bezeichnet wird.

Investition

Investition bedeutet die Verwendung von Kapital, das in Vermögensgegenstände oder Geldkapital umgewandelt wird.

Investitionsrechnung

Die Investitionsrechnung befasst sich mit der optimalen Nutzung von Investitionen und ermittelt, welche Vor- und Nachteile eine Investition für das Unternehmen hat. Die Investitionsrechnung gliedert sich in statische und dynamische Verfahren.

Jahresabschluss

Der Jahresabschluss fasst die Daten aus der Finanzbuchführung zusammen und stellt sie übersichtlich dar. Ein wichtiger Teil des Jahresabschlusses ist die Bilanz.

Kapitalrücklage
Die Kapitalrücklage ergibt sich aus der Differenz des Ausgabewerts von Aktien und dem Nennwert.

Kommunikationspolitik
Die Kommunikationspolitik umfasst im Kern Aktivitäten wie Werbung, Öffentlichkeitsarbeit (Public Relations), Event Marketing, Sponsoring, aber auch die Unternehmenskommunikation (Corporate Communications) einschließlich der Employee Relations und der Investor Relations.

Kostenrechnung
Die Kostenrechnung wird in verschiedene Teildisziplinen untergliedert, und zwar in die Kostenarten-, Kostenstellen- und Kostenträgerrechnung.

Materialwirtschaft
Die Materialwirtschaft bezieht sich auf die Gesamtheit aller Funktionen, die die Versorgung des Unternehmens mit Material betreffen. Die Materialwirtschaft hat die Aufgabe, Material wie Roh-, Hilfs- oder Betriebsstoffe in einer entsprechenden Qualität zu beschaffen und dieses rechtzeitig zur Verfügung zu stellen.

Personalcontrolling
Das Personalcontrolling befasst sich mit der systematischen Überprüfung, Steuerung und Weiterentwicklung des personalwirtschaftlichen Einsatzes mit Hilfe von Kennzahlen und wird in ein operatives, taktisches und strategisches Personalcontrolling untergliedert.

Personalentwicklung
Die Personalentwicklung erstreckt sich auf alle Maßnahmen, die dazu dienen, die Qualifikation der Mitarbeiter zu erhalten, zu erweitern und fortlaufend zu verbessern.

Personalplanung
Die Personalplanung wird in eine kurz-, mittel- und langfristige Personalplanung untergliedert. Ziel und Zweck der Personalplanung ist, stets das für die Erledigung der betrieblichen Aufgaben erforderliche Personal bereitzustellen.

Preispolitik

Die Preispolitik befasst sich mit der Frage, welcher Preis für ein Produkt oder eine Dienstleistung angemessen ist und die Marketingziele besonders erfüllt.

Produktionswirtschaftslehre

Die Produktionswirtschaftslehre ist eine Teildisziplin der BWL, die sich mit dem Produktionsmanagement befasst. Aufgabengebiete sind die Fertigungssteuerung, die Planung und Koordination aller Prozesse im Bereich der Produktion.

Produktpolitik

Die Produktpolitik fokussiert sich auf die Verbesserung und Weiterentwicklung der Produktmerkmale. Dies kann durch technische Innovationen, aber auch durch Änderungen des Designs, der Qualität und des Kundenservices erfolgen.

Qualitätsmanagement

Unter Qualitätsmanagement versteht man alle Maßnahmen, die dazu beitragen, Produkte, Dienstleistungen und Prozesse im Unternehmen zu verbessern. Qualitätsmanagement ist nicht die isolierte Aufgabe einer Abteilung, sondern muss bereichsübergreifend das gesamte Unternehmen umfassen.

Realisationsprinzip

Gewinne dürfen nach der HGB-Bilanzierung erst ausgewiesen werden, wenn sie realisiert sind (Abschluss der Leistungserstellung, Gefahrenübergang, kein Zwischengewinnausweis).

Rechnungsabgrenzungsposten

Rechnungsabgrenzungsposten dienen der periodengerechten Erfolgsermittlung; Aufwendungen und Ausgaben, Erträge und Einnahmen werden den unterschiedlichen Geschäftsjahren zugeordnet.

Rentabilität

Die Rentabilität bezieht sich auf die Relation des Gewinns (Bilanzgewinn, Jahresüberschuss, Cash Flow, EBIT, EBITDA) zu einer anderen Größe wie Eigenkapital, Gesamtkapital oder Umsatz.

Rücklagen

Die Rücklagen gehören zum Eigenkapital. Man unterscheidet zwischen Gewinn- und Kapitalrücklagen. Eine Kapitalrücklage entsteht, wenn Aktien über dem Nennwert herausgegeben werden. Die Differenz zwischen dem Ausgabepreis und dem Nennwert bezeichnet man als Agio (Aufschlag). Dieses Agio wird den Kapitalrücklagen zugeführt. Kapitalrücklagen sind eine Form der Innenfinanzierung des Unternehmens.

Rückstellungen

Bei Rückstellungen sind der Zeitpunkt der Fälligkeit und die Höhe am Bilanzstichtag ungewiss. Die Bildung von Rückstellungen führt in dem betreffenden Geschäftsjahr zu Aufwand. Rückstellungen können für eine Reihe von Risiken und Fällen gebildet werden: Garantieverpflichtungen, schwebende Prozesse, Steuernachzahlungen, Pensionsverpflichtungen. Den größten Posten unter den Rückstellungen bildet meist die Pensionsrückstellungen im Rahmen der betrieblichen Altersvorsorge.

Stille Reserven

Stille Reserven sind in der Bilanz „unsichtbar" enthalten und entstehen durch das Vorsichtsprinzip. Sie entstehen durch Bewertungsunterschiede.

Verbindlichkeiten

Man unterscheidet zwischen kurzfristigen Verbindlichkeiten (Lieferantenkredite, Kontokorrentkredite, Wechselverbindlichkeiten) und langfristigen Verbindlichkeiten (Bankdarlehen, Hypothekenkredite).

Vorsichtsprinzip

Das Vorsichtsprinzip ist ein handelsrechtlicher Grundsatz des HGB, dem zufolge Vermögensgegenstände vorsichtig bewertet werden müssen, wodurch sich stille Reserven bilden. Das Vorsichtsprinzip konkretisiert sich im Realisations-, Imparitäts- und dem Niederstwertprinzip.

Kreuzworträtsel

1. SBWL: … Betriebswirtschaftslehre
2. Teilbereich der funktionalen BWL
3. Weiterer Teilbereich der funktionalen BWL
4. Die richtigen Dinge tun
5. IFRS: International Financial Reporting …
6. Bestandteil des Jahresabschlusses
7. US-amerikanischer Rechnungslegungsstandard

| 1 | 2 | 3 | 4 | 5 | 6 | 7 | 8 | 9 | 10 | 11 | 12 |

1. Eigenkapitalspiegel ist Bestandteil von …
2. Ein Hauptgrundsatz der GoB: …prinzip
3. Ein weiterer Hauptgrundsatz der GoB: …prinzip
4. Ein Nebenbuch der FiBu: …buchführung
5. Lieferanten sind …
6. Mittelherkunft
7. Eine Methode der Kapitalbeschaffung: …finanzierung

1. Employer Branding ist eine Ausprägung von Personal…
2. Eine Qualifikationsmaßnahme am Arbeitsplatz: Job …
3. Materialbeschaffung auf englisch: E-…
4. Ein Teil des Marketing-Mix: …politik
5. Ein weiterer Teil des Marketing-Mix: …politik
6. Und noch ein Teil des Marketing-Mix: …politik

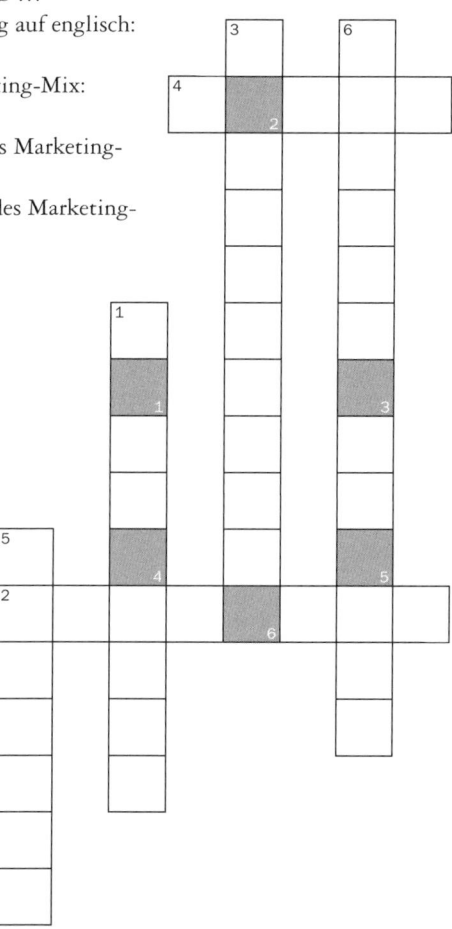

Literaturtipps

Corsten, Hans; Corsten, Martina (2014): Betriebswirtschaftslehre. Konstanz/München: UTB/UVK Lucius.

Hennig, Alexander u. a. (2015): Prüfungstraining Wirtschaftswissenschaften – 1001 Aufgaben mit Lösungen. Konstanz/München: UTB/UVK Lucius.

Heyd, Reinhard (2014): Jahresabschluss. Konstanz/München: UTB/UVK Lucius.

Nagel, Michael; Mieke, Christian (2014): BWL-Methoden. Konstanz/München: UTB/UVK Lucius.

Schierenbeck, Henner (2008): Grundzüge der Betriebswirtschaftslehre. 16. Aufl. München: Oldenbourg Wissenschaftsverlag.

Wöhe, Günter; Döring, Ulrich (2010): Einführung in die Allgemeine Betriebswirtschaftslehre. 24. Aufl. München: Vahlen.

Stichwortverzeichnis

Service